一起玩转 Terrarium

微观植物园

卢璇◎主编

黑龙江科学技术出版社
HEILONGJIANG SCIENCE AND TECHNOLOGY PRESS

图书在版编目（CIP）数据

　　一起玩转 Terrarium 微观植物园 / 卢璇主编 . -- 哈
尔滨：黑龙江科学技术出版社，2018.10
　　ISBN 978-7-5388-9841-5

　　Ⅰ . ①一… Ⅱ . ①卢… Ⅲ . ①盆景－观赏园艺 Ⅳ .
① S688.1

　　中国版本图书馆 CIP 数据核字 (2018) 第 185901 号

一 起 玩 转 Terrarium 微 观 植 物 园
YIQI WANZHUAN TERRARIUM WEIGUAN ZHIWUYUAN

作　者	卢　璇	
项目总监	薛方闻	
责任编辑	马远洋	
策　划	深圳市金版文化发展股份有限公司	
封面设计	深圳市金版文化发展股份有限公司	
出　版	黑龙江科学技术出版社	
	地址：哈尔滨市南岗区公安街 70-2 号　邮编：150007	
	电话：（0451）53642106　传真：（0451）53642143	
	网址：www.lkcbs.cn	
发　行	全国新华书店	
印　刷	深圳市雅佳图印刷有限公司	
开　本	723 mm × 1020 mm　1/16	
印　张	8	
字　数	100 千字	
版　次	2018 年 10 月第 1 版	
印　次	2018 年 10 月第 1 次印刷	
书　号	ISBN 978-7-5388-9841-5	
定　价	35.00 元	

前言

一起玩转 Terrarium 微观植物园

你是否知道 Terrarium 是什么？

微景观

　　初次接触 Terrarium，你可能会疑惑这个单词具体是什么意思。

　　Terrarium 直译有"陆地动植物饲养所""玻璃容器"的含义，后来指在密封的玻璃容器中加入土壤、水分，饲养动植物的微型生态系统。

　　封闭的 Terrarium 经过合理的组分配比，可以为动植物生长创造一个稳定的生态环境。那么这个微生态是如何维持平衡的呢？光照透过玻璃照在植物上，植物开始进行光合作用，吸收二氧化碳释放氧气，氧气让动植物畅快呼吸再释放出二氧化碳，形成一个平衡。水分不断从土壤和植物中散失，水蒸气凝集在玻璃壁上，遇冷液化后又流入土壤和植物中，这样就形成了一个小规模的水循环。

　　众多 Terrarium 的追随者被这种神奇的微生态所吸引，他们将自然与生活结合，大胆创作。慢慢地，Terrarium 的含义越来越广泛，不仅仅局限于密封的容器，容器也不再只是玻璃的材质，另外除了在容器中装入土壤、水分和动植物之外，逐渐开始加入石头、干花、人造摆件等进行装饰和造景。

　　近年来，Terrarium 从西方传入国内，爱好者们用苔藓、蕨类、多肉等，配上各种精美的小玩偶，做成微型植物景观，并称之为"微景观"。

Terrarium 的由来——"沃德玻璃罩"

Wardian case

Terrarium 虽然是近年来非常盛行的植物玩法，严格来说却不能用新潮来形容。这是因为，Terrarium 有着悠久的历史，第一个 Terrarium 创造于 1829 年。外科医生纳撒尼尔·沃德博士同时也是一位园艺发烧友，他在密闭的玻璃罐里发现了蕨类植物的新芽，这便是第一个 Terrarium。他研究发现，密闭的玻璃容器可以为植物提供一个良好的生长环境，并将这种玻璃容器命名为"沃德玻璃罩"（Wardian case）。当时，"沃德玻璃罩"被应用到植物的保护中，让植物免受恶劣空气的荼毒，还被用于植物贸易的运输中，以抵御海风的侵害。

在英国的维多利亚时代，制造 Terrarium 就曾风靡一时，而如今人们越来越向往大自然，又再次赋予了 Terrarium 新的生命。

动手制作 Terrarium 前，你必须了解的事情

密闭型 & 开放型

封闭的 Terrarium 类似于潮湿的热带环境，适宜热带植物的生长，比如苔藓、蕨类和空气凤梨等。无菌的良好的土壤配比，可以减少微生物对植物的危害，有利于植物的生长，这也是密闭型 Terrarium 形成良性循环的保证。

要注意的是，即使密闭的容器中种植的是热带植物，也需要每周打开一两次进行通风透气，避免霉菌在容器中生长。缺水时也要适时浇水，以防植物枯萎。

然而，不是所有的植物在密封的容器中都能良好生长，比如喜干的多肉植物，就适合种于开放型的 Terrarium 中。这样可以增加阳光直射，保持空气流通，避免潮湿。

开放型的 Terrarium 制作和养护都更加简单，建议新手朋友们从开放型的 Terrarium 开始。一起来亲手打造微生态，用心呵护，将自然饲养。

Contents
目录

Part 1 微景观大乐趣

Part 2 植物空间站

Part 5　心之所往的地方

Part 3　玩转空气凤梨

Part 4　桌上微花房

— 微景观大乐趣 —

最快的捷径，是一步一个脚印

从这章开始了解制作微景观的植物、材料、工具和各种配饰，让新手也能轻松上手。本章着重讲述了植物的生长习性、养护方法和使用方法；详细介绍了材料的种类和特性；还特别讲解了制作中会用到的小技巧。

认识这些植物

对本书中用到的部分植物进行介绍，
作为您 DIY "Terrarium" 选择植物时的参考。

万重山

仙人掌科　天轮柱属

万重山又名仙人山，是我们常见的仙人柱的变种。喜光照，耐干旱和贫瘠。种植时宜选用透水透气性良好并富含石灰质的砂质土壤。浇水要坚持"不干不浇，浇则浇透"的原则，并且一般情况下宁干勿湿，忌浇水过量。

黄毛掌

仙人掌科　仙人掌属

黄毛掌又名金乌帽子，原产墨西哥北部，我国有引种栽培。喜欢光照充足、温暖干燥的环境，且耐干旱，不耐湿。种植时宜选用肥沃的沙壤土。冬季温度不能低于5℃。浇水不能过多，盆土稍湿即可，宁干勿湿。

姬凤梨

凤梨科　姬凤梨属

姬凤梨喜温暖湿润、阳光充足的环境，光照充足，才能拥有美丽的叶片和正常开花。但是在夏季仍需要避免阳光直射。种植时宜选用中性或微酸性砂质土壤并混合腐叶土。冬季温度不得低于10℃，夜晚温度不能低于5℃。

姬星美人

景天科　景天属

姬星美人原产于西亚和北非的干旱地区。喜欢温暖干燥、光照充足的环境，耐干旱。生长适温为13~23℃，冬季温度不能低于5℃。若较长时间在遮阴环境下生长，会出现茎叶柔嫩易倒伏现象。

金钱木

马齿苋科 马齿苋属

金钱木又名云叶、金铖木，原产非洲东部的坦桑尼亚和南美地区。喜欢温暖干燥、光照充足的环境，耐干旱，忌阴湿寒冷。光照不足的情况下容易发生徒长现象，使得叶片松散，株型不紧凑，从而影响其观赏价值。

白雪光仙人球

仙人掌科 南国玉属

白雪光仙人球又名雪光、雪晃，是一种多年生肉质植物。喜欢温暖干燥、光照充足的环境，耐干旱，但不耐湿。种植时宜选用排水良好的沙质壤土。冬季需要保持温度在5℃以上，才能保证安全越冬。

紫龙角

萝摩科 水牛掌属

紫龙角又名水牛角，是一种多年生肉质草本植物。原产非洲西南部。喜欢温暖干燥、阳光充足的环境，耐干旱，但怕高温，不耐寒。种植时宜选用疏松肥沃、排水良好的沙质壤土。越冬温度不能低于12℃。

三角琉璃莲

百合科 十二卷属

三角琉璃莲又名水晶掌，是一种多年生肉质草本植物。喜半阴环境，日照过强易晒伤，若日照时间过长，叶片会逐渐变为红色。春季、秋季属于其生长季，对水需求稍多；夏季属于其休眠期；冬季生长缓慢，需要少浇水。

四海波

番杏科 肉黄菊属

四海波又名怒涛，原产南非大卡鲁高原的石灰岩地区。喜欢温暖干燥、阳光充足的环境。夏季忌阳光直射，不耐严寒。生长适宜温度为18~28℃，冬季温度不能低于5℃。种植时宜选用疏松、排水良好的砂质壤土。

吉娃莲

景天科 拟石莲花属

吉娃莲又名吉娃娃、杨贵妃，原产于墨西哥奇瓦瓦州。喜欢温暖干燥、阳光充足的环境，耐干旱和半阴，但不耐寒，忌水湿。生长适温为18~25℃。在夏季的正午需要适当地遮阴，忌暴晒。

小夜衣

景天科 青锁龙属

小夜衣又名青叶，原产于非洲南部，喜欢生长在干地或石上。喜欢温暖干燥、阳光充足的环境。越冬温度不能低于-3℃，夏季不能接受直射光，注意遮阴。种植时基质可选用泥炭、珍珠岩与煤渣配比为1：1：1的基质。

蓝鸟

景天科 拟石莲花属

蓝鸟是由皮氏系石莲花杂交得来的园艺品种。喜欢温暖干燥、阳光充足的环境，耐干旱，极易养护。夏季需适当地遮阴处理，越冬温度需在0℃以上。蓝鸟只有接受充足的光照才能变得叶色艳丽、叶片肥厚、株型美观。

菲欧娜

景天科 拟石莲花属

菲欧娜喜欢温暖干燥、阳光充足的环境，耐干旱，不耐寒，稍耐半阴，不耐烈日的暴晒。生长季可充分浇水，盆土七八分干时就可以浇透，忌长期干透。冬季不可浇水，保持盆土的干燥即可安全过冬。

万年藓

万年藓科 万年藓属

万年藓又名天朋草、岩猴松，分布于我国西南及吉林、辽宁、陕西、江苏、安徽、浙江、福建等地。自然界中万年藓一般生于潮湿的针阔叶林或沼泽地附近。

金发藓

金发藓科　金发藓属

金发藓又名大金发藓、小松柏、岩上小草，分布于我国贵州、四川一带。自然界中金发藓一般生长于山野阴湿土坡、森林沼泽等地，喜欢酸性土壤。

大灰藓

灰藓科　灰藓属

大灰藓别名多形灰藓、羽枝灰藓。茎叶基部心脏形，渐上阔披针形。枝叶阔披针形，孢蒴基部狭窄，干燥时口部以下收缩。蒴盖圆钝，圆锥形。

白发藓

白发藓科　白发藓属

白发藓见于我国长江流域以南山区的湿润林地，亚洲东南部亦有。一般生长于针阔混交林或阔叶林下，生长较密集，颜色多为苍白至灰绿色。其是苔藓微景观中十分常见、不可缺少的一部分。

曲尾藓

曲尾藓科　曲尾藓属

曲尾藓通常叫作羊毛藓。常生长于针叶林或针阔混交林、阔叶林下，高山、平原或较干的沼泽地都能生长。一般生长在土壤、腐木或潮湿的岩石表面，有时也会生长在树干的基底部分。

朵朵藓

学名不详，朵朵生长，商品名为朵朵藓。朵朵藓适用于微景观中的山峦、坡地造型，也可以用作草地。朵朵藓是生活中最常见的一种苔藓，非常耐旱，常在土壤、田地或水泥表面集成白绿色和灰绿色的簇状小块。

罗汉松

罗汉松科　罗汉松属

罗汉松喜欢温暖湿润的气候，耐阴性强，但耐寒性较弱。喜欢排水良好的沙质壤土，对土壤的适应性强。浇水见干见湿，不能根据"干松湿柏"论来浇水，罗汉松喜水，平时应该保持盆土湿润，夏日午后可加喷一次叶面水。

网纹草

爵床科　网纹草属

网纹草喜高温高湿的半阴环境，不耐低温，若冬季温度低于8℃植株会受冻死亡。喜欢富含腐殖质的沙质壤土。盆土太干了，叶片就会卷曲乃至脱落，但若是太湿，又会烂茎，故表土干时即要浇水，保持稍微湿润的状态。

傅氏凤尾蕨

凤尾蕨科　凤尾蕨属

傅氏凤尾蕨又名凤尾蕨、金钗凤尾蕨、羽叶凤尾蕨。原产中国和日本，广泛分布于长江以南地区，向北到河南南部。喜欢阳光充足、温暖潮湿的环境，但同时也耐半阴和干旱，越冬温度不低于5℃。

夏雪银线蕨

凤尾蕨科　凤尾蕨属

夏雪银线蕨又名银脉凤尾蕨、白羽凤尾蕨，是凤尾蕨属，凤尾蕨组剑叶凤尾蕨的一个变种。分布于印度北部、中南半岛及马来半岛。喜欢温暖湿润的半阴环境，稍耐旱，怕积水和强光，在钙质土壤中生长良好。

小蝴蝶

凤梨科　铁兰属

小蝴蝶又名小章鱼，原产于墨西哥南部、哥伦比亚及巴西东部。在自然界中，从平地至海拔1600米的地方，以及入海口处的红树林或藤类的树枝上都有分布。多丛生，忌烈日暴晒，并需要些许遮阴。

贝可利

凤梨科　铁兰属

贝可利又名圣诞空气凤梨，其开花时间在圣诞节前后。原产于墨西哥，是一个多变种的品种，主要生长在低海拔地区。比较喜爱空气湿度大的环境，开花时整体都呈红色，低温时，全株变红色，温度不够低时就变一半。

三色花

凤梨科　铁兰属

三色花又名三色铁兰，原产于美国佛罗里达州的干旱地区。它对逆境的适应力极强，耐旱性强，平时护理只需喷喷水就好了，非常好打理。在温度适宜的情况下，建议每周喷水两三次，下雨时可适当减少喷水次数。

卡比塔塔

凤梨科　铁兰属

卡比塔塔又名开普特。卡比塔塔这个品种作为最早发现的空气凤梨品种之一，一直以来被广泛栽培，存在多个园艺品种。另外因分布地区众多，种类区分上较为混乱。

虎斑

凤梨科　铁兰属

虎斑又名布兹铁兰，原产于南墨西哥及中美洲海拔1000～2300米的地方，属高地植物。其对于湿度的要求相对较高，需要充足的光照，且耐旱性好。

美杜莎

凤梨科　铁兰属

美杜莎又名女王头、章鱼，因其植形如希腊神话中的蛇发女妖美杜莎而得名。原产于墨西哥和中美洲。喜欢充足的光照和较大的空气湿度。

不同植物种类的应用

苔藓

在大自然中，苔藓一般生长在潮湿的朽木、湿地、岩石上。苔藓极易失水干枯，所以养好苔藓的关键在于充足的水分和较高的环境湿度。同时还要注意避免强光直射，一般有 6~8h 的台灯照射或 1~2h 的散射日照即可。

苔藓在微景观 DIY 中占有不可撼动的地位，不同质感和形态的苔藓给人不一样的视觉感受。我国约有 2800 种苔藓，这给了我们很大的创造空间。

营造自然

湿润的环境中，木头是苔藓生长的天然附生物，在木头上点缀苔藓，能够营造出超自然的微观小景。

迷你空间

在狭小的空间里，全部应用苔藓植物制作迷你景观是初学者一个不错的选择，同类植物的养护简单且美观。

生机勃勃

春天万物复苏的春季是苔藓植物生长的最佳时期，同时蘑菇也在这个季节冒出地面生长。绿意盎然之间出现一颗蘑菇，更显得生机勃勃。

蕨类

　　蕨类植物多生于热带雨林的丛林下，有附生、土生和石生，还有少数生长在湿地或水中。蕨类喜阴湿的环境，在散射光的环境下生长良好。

　　不同于苔藓植物，蕨类有真正的根、茎、叶和维管组织的分化。蕨类植物又名羊齿植物，其叶形多精致美丽，在微缩景观中用于模拟丛林、大树，是绝妙选择。

侏罗纪时期

蕨类植物在侏罗纪时期早已出现，作为侏罗纪时期重要的植物群落之一，易打造出原始群落的景观效果，当然恐龙等配件也是相当重要的点缀。

营造自然

在自然界中，我们往往会看到蕨类植物生长在岩石旁或石缝中，在微景观中，应用岩石与蕨类植物搭配的方式，也可营造出一种自然之感。

易养护的微景观

蕨类植物喜湿润的环境，与一些喜湿性的网纹草、苔藓等植物搭配种植，不仅更丰富美丽，养护起来也更加轻松。

多肉

　　多肉植物的根、茎、叶三种营养器官中至少有一种是肥厚多汁的，能储藏大量水分。多肉植物耐旱忌涝，故养殖多肉时，配土至关重要，常用的配土方案为：松软的泥炭土∶珍珠岩=1∶1。

　　多肉植物的种类繁多，形态多样，色彩多变，易于制作出缤纷多彩的微景观。常见的多肉植物有番杏科、景天科、仙人掌科等。

热带风情

沙子与多肉的搭配能营造出热带风情。需注意，多肉植物多怕湿，不可将水直接喷向植株，要用滴壶浇灌。

清新之感

嫩绿的姬玉露与黄金草都喜欢散射光和微湿的环境，这样的搭配不仅清新而且易于养护。

悬垂多肉

佛珠是悬垂多肉的典型代表，与高脚杯搭配，既不失平衡又美观时尚。

空气凤梨

　　空气凤梨，顾名思义，是生长在空气中的植物。神奇的空气凤梨不是依靠根系从土壤中汲取水和营养物质的，而是依靠叶片从空气中吸收所需要的养分维持生长的。通常空气凤梨的叶片上都密被着一层鳞片，空气中的水分和气体物质会被其截获，然后慢慢地透过表皮层的薄壁细胞的空隙渗入叶片。

　　空气凤梨属耐旱型空气附生植物，所以除了可与一般的植物搭配造景外，还可配以干花、永生花、木头等，营造出不同的效果。

养护方便

干燥花不宜被喷湿，用灯泡将干燥花装起，与空气凤梨隔离开，在给空气凤梨浇水时，就可以避免将干燥花喷湿，养护会更加方便。

营造自然

空气凤梨的自然生长环境一般在热带地区或干旱的山地中，附生在树干、石头上，所以将空气凤梨放在木头上会显得自然气息十足。

时尚与浪漫

玻璃瓶较具现代感，在透明容器中增添浪漫的气息，干花是不二之选。但因干花怕湿，所以喷水时需要单独把空气凤梨拿出玻璃瓶外喷水。

工具和材料

基本的工具

① 弯嘴剪

弯嘴剪可以修剪植株多余的根系和枝叶等。其剪口有自然的弧度，可避免剪伤其他部位，便于处理细节。

② 镊子

镊子是微景观制作中最常用到的工具之一，主要用于铺设苔藓、摆放小摆件，以及种植和清理杂质。

③ 小铁铲

小铁铲的实用性很强，可以用于盛土、拌土、植株的栽植，以及疏松土壤等。

④ 喷水壶

喷水壶出水的粗细可以调整，不论是对空气凤梨和苔藓等进行喷雾，还是用于植物整体洒水皆可。

⑤ 尖嘴壶

尖嘴壶的出水口细长，可以精准浇水，适宜细口器皿和拥挤的多肉植物等。

⑥ 细长柄木勺

在细口容器中铺设轻石或装饰沙子时必不可少的木勺。

⑦ 小土铲

小土铲轻便小巧，易操作，主要用于向小号容器中放置材料。

⑧ 试管刷

试管刷可以清理容器、苔藓植物上的灰尘和杂质等。

⑨ 防水牛皮纸纸筒

对于一些口较小的细长容器，可以借助纸筒，让土沿着纸筒滑入。

常用的材料

红火山石

红火山石是一种多孔、轻质的酸性火山喷出岩，是一种良好的透气保水材料，常用来铺底，作为透水层。

黑火山石

火山喷出岩有很多种颜色，颜色不同，性质也会有所不同。和红火山石相比，黑火山石的玻璃结构特征更明显，孔大质更轻，可浮。

赤玉土

赤玉土亦可称为高通性火山泥，微酸性，无有害细菌。排水蓄水性良好，有"万能用土"之称。

黄金软麦饭石

黄金软麦饭石风化得比较厉害，故质地较软，且色泽发黄。它富含微量元素，适合用来种植多肉植物。

水洗石

水洗石干时有朦胧感，水洗后表面光洁，铺在基质表面透出自然纯朴的感觉，可以起到很好的装饰作用。

发酵松鳞

松鳞就是松树皮，吸水性相当强，混在土里可起到很好的保水作用。松鳞不仅有营养，还可防止土壤板结。

珍珠岩

珍珠岩是一种酸性熔岩，玻璃质，具有珍珠裂隙结构。具有无毒、无味、不燃、不腐、保水、透气性良好的特点。

细河沙

沙子的主要成分是石英晶体，不仅晶莹美丽，还能折射阳光，有助于植物接收更多的紫外线，促进光合作用。

装饰的材料

① **满天星干花**

新鲜的满天星制成干花，用倒吊法自然风干即可。还可通过染色，让满天星有更丰富的色彩，轻松营造出斑斓、梦幻的感觉。

② **八仙花永生花**

八仙花又名绣球花、紫阳花。用八仙花做成的永生花，无论是色泽、形状、手感都与鲜花几乎无异，保持了鲜花的特质。

③ **兔尾草干花**

毛茸茸的兔尾草干花如一根根小尾巴，非常可爱。兔尾草常常被做成干花使用，可染成各种想要的颜色。

④ **水晶草干花**

水晶草花色一般为白色或淡黄色，可使用染料染成各种颜色，是一种小巧且精致的干花。

⑤ **永生苔藓**

以生长在水中或陆地阴湿处的青苔为材料加工而成，一般可以保持3~4年的最佳观赏期。

⑥ **麻丝**

麻丝是麻类植物的纤维，可做纺织原料，织成各种麻布，也可以拿来制作工艺品。

其他的装饰材料

天然的木质摆件

天然的树枝、树根自然且富有古风。不管是与多肉植物，还是苔藓、蕨类植物或空气凤梨搭配，都别具一格，可以说是装饰品中的百搭材料。

形态多变的石头摆件

在制作微景观时，石头可以起到画龙点睛的作用，也常常用来搭建微景观的构架。山峰、台阶、断崖等场景用石头来呈现是再适合不过了。

树脂小恐龙

恐龙是生活在几亿年前的动物。将恐龙摆件、苔藓与蕨类植物一同置于微景观中，让人仿佛穿越到那个遥远的年代。

容器类型

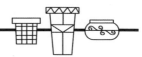

密封容器

密封性的容器一般带有瓶盖，盖上就能与外界空气隔绝，形成一个独立的小空间。在制作微景观的应用中，用来制作苔藓微景观是一个不错的选择，而揭开盖子也可用来栽种其他的植物制作成不同的微景观，用途广泛。

浇水

放置的场所

密封性容器有助于微湿环境的形成，有利于喜湿植物的生长。但是如果长期在高温条件下，密封容器瓶内的温度易升高。所以，密闭型微景观应该放在凉爽且通风的地方，必要的情况下还需要开盖通风、浇水。

植物在密封容器中生长，若容器内没有雾气，说明瓶内的环境较干燥，可进行浇水，使土壤湿润即可。若容器内形成了稳定的水循环，可以每月开盖一次，进行通风、浇水。

养护

植物如果常处于一个密不透风的容器中，不利于植物的生长，所以使用密封容器栽培植物时，如果是多肉类的植物，需经常打开瓶盖让空气流通，避免植物在闷湿的环境中腐烂。

半密封容器

半密封容器不同于密封的容器，比如在容器中装水后盖上盖，密封容器就算将瓶子倒置，也不会有水流出，而半密封容器内的水是可以流出的。半密封容器开合方便，有一定的保湿作用，也有不错的透气性。

防尘

半密封容器除了透气，还有一个优点就是防尘，将干燥花等一些装饰的材料放在揭盖的透明玻璃容器中，最后放入空气凤梨，不仅美观且能起到很好的保存干燥花的作用。

适合的场所

家里闲置的透明玻璃水壶，也是揭盖容器中的一种，用来制作微观植物园，放在茶几上，也别有一番情趣。

浇水

揭盖容器种植的浇水频率介于密闭容器和敞口容器之间。如果种植的是喜湿植物则可多浇水，若是多肉等不喜湿的植物就要控制水量，避免积水。

细口容器

细口容器的瓶口较小，只有形态较小或是柔韧的植物才能放入其中种植。在栽培的过程中，瓶子太小还会致使操作不灵活，加大栽种难度。当然，这些也正是用细口容器制作微景观的乐趣所在。

浇水

用细口容器制作的微景观，浇水时，因瓶口较小，容易将水喷出瓶外，所以在浇水时要注意将喷水壶的喷口放进瓶内，再喷洒，就可以避免水喷在瓶外。

技巧

在细口内瓶制作微景观时，直接将材料放进去是比较难的，且易将瓶体弄脏。所以可用牛皮纸卷成漏斗状插入瓶口或瓶子内，让材料顺着漏斗状的牛皮纸滑入瓶内，这样既不会将材料撒到瓶外，还能放在指定的地方。

栽种植物

在细口瓶中种植植物时，往往需要借助镊子、铁丝等。用镊子轻轻夹住植株基部，放在指定的地方，轻轻晃动镊子顺势种入植物。

广口容器

广口容器相比细口容器的瓶口要大些，制作微景观能用的材料比较丰富，能栽种的植物类型也较多，可以制作满瓶的多肉景观，也可用苔藓植物与蕨类植物一起搭配，同时操作也较灵活。

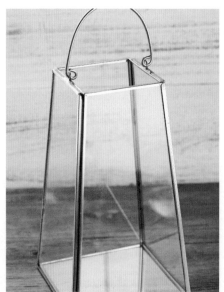

优势

广口容器制作微景观时操作方便，可放进体积较大的石头、树枝和植物等。其中，石头质地坚硬、密度大，用较大的石头造景时要注意，应与玻璃容器的大小和承重匹配。挪移时应托住容器底部，而不要拎着容器口。

适合的植物

广口瓶对植株的大小限制不大，体积较大的植物也能应用其中。而且广口瓶通风透气性好，用于种植多肉、空气凤梨都非常合适，种植喜湿的蕨类和苔藓也是不错的选择。

维护

有些广口瓶的边缘是用金属衔接的，而金属易生锈。为了防止生锈，最直接的方法就是减少金属与水分的接触，不积水植物的选择上可以选用耐旱的植物比如空气凤梨和多肉等。

悬挂容器

悬挂型的容器一般悬吊起来使用，以利于人们从各个角度观赏微景观。将玻璃容器悬挂起来，能很好地装饰立体空间，即使在较小的室内空间里，也不用担心无处摆放，悬挂在窗前、灯下抬眼即可欣赏美景。

贴士

悬挂容器可以将微景观悬挂起来观赏，不同于摆放型微景观，悬挂时最需要考虑的是承重的问题。因此，悬挂型玻璃容器一般较为小型，且不宜放置过重的石块等。

适合的植物

因可悬挂的特点，枝条长且下垂生长的植物可以应用在悬挂瓶的微景观中。另外，还要根据容器和瓶口大小，选择能放入瓶内栽种的植物制作微景观。一些小巧可爱的多肉植物是不错的选择，还有空气凤梨也非常适合这类容器。

技巧

有些不能悬挂的容器可以利用铁丝、编织网、胶水等悬挂起来。要注意，如果铁丝、麻绳等长期置于室外，容易生锈、老化，为安全起见要注意麻绳等的老化程度，适时更换。

关于微景观的问题与解答

—Q&A—

—关于苔藓植物—

Q

苔藓植物发白和发黑的原因？

A

苔藓植物发白通常是因为栽培的环境太干燥，而喜湿润环境的苔藓，缺水会导致植株发白甚至枯萎；苔藓植物发黑的原因正好与发白的原因相反，在浇水过量导致积水的情况下，苔藓植物因长期浸泡在水中容易导致腐烂变黑。因此，浇水时，要适量，保持栽培的环境湿润即可。

Q

苔藓尖端长有的颗粒是什么？

A

苔藓的尖端长有的颗粒情况有两种。一种是像盐一样的晶体，另一种是黄色的霉菌。前者为水渍，可以在将其剪掉后，用毛刷清理掉，为避免有水渍产生，宜用凉开水、纯净水等浇灌；后者可能是因为栽培的环境长期通风不畅，在加强通风的同时，还要喷洒多菌灵进行防治，并将其搬移到北向的阳台养护，或者搬至早晚有阳光照射的地方。

Q

苔藓植物发黄的原因？

A

苔藓植物发黄有可能是环境湿度过低（可勤浇水，向周围环境喷水增湿，还可进行闷养，或者搬到湿度较大的地方养护），或浇水的水质偏碱（可收集雨水浇灌），也可能是光照过强或太过阴暗（避免阳光直射，宜散射光养护）。如果苔藓发黄的状况还没有改善，就要考虑将栽培的土壤换掉。

Q

苔藓长白丝的原因？

A

苔藓喜闷湿的环境，但如果栽培的环境过于闷湿，就容易导致苔藓长白丝，需注意通风，不盲目浇水，保持微湿的状态即可；还有一种情况是由于所用的栽培土壤没有充分地发酵消毒，存在着一些霉菌。在湿润的条件下，容易促使霉菌生长，可以用多菌灵液喷洒苔藓，并放在早晚有太阳照射的地方，如果情况没有好转，可直接换土。

—关于观叶植物—

Q

植物出现烂叶的原因？

A

常用作微景观的观叶植物有网纹草、罗汉松和蕨类植物，还有少部分的多肉植物等，这些植物烂叶大多与浇水有关，它们的叶片有可能在浇水的时候因沾水而与玻璃容器的内壁紧贴，造成烂叶。所以，植物需要适当地修剪，并将紧贴在玻璃内壁的叶片用工具分离开来，放到通风良好的地方。

Q

植物萎蔫的原因？

A

植物萎蔫可能是因为栽培的环境过于干燥，这就需及时补充水，或者在种植时，植物的根部埋得太浅。另外，还有可能是因为在种植的过程中，根系不慎折断损伤，这时便须更换植物。

Q

植物出现烂根的原因？

A

土壤透气性差、含有病菌、积水等都有可能引起植物烂根。土壤板结不透气，使植物根系无法吸收水和养分生长，须及时翻盆换土；土壤里存在病菌感染，须喷洒多菌灵消毒液；积水，则须倒出多余的水分。

Q

怎么给植物浇水？

A

蕨类植物和苔藓植物一样，喜欢湿润的环境，在给蕨类浇水时，可使用挤压式尖嘴浇水瓶从根部浇灌，浇水的同时，经常向周围的环境喷水，以增加空气的湿度。注意，喷水时须防止植物的枝叶滞水过多，对植物造成伤害。

—关于干花和空气凤梨—

Q

干花和空气凤梨
的组合能在阳光下暴晒吗?

A

干花是真花干燥而成,不论是天然色还是染色,其色彩都会因阳光的暴晒发生改变,影响美观。空气凤梨喜光忌暴晒。所以阳光充足、适当遮阴,既有利于保存干花,也有利于空气凤梨的生长。

Q

干花和空气凤梨的组合
适合放置的场所?

A

大多数的空气凤梨和干花都喜干燥的环境,适合将其组合放在阴凉且通风良好的地方,比如窗台、电视柜、书柜等。对于空气凤梨,如果长期将其放在阳光照射不到的地方,要不定期地将空气凤梨移到阳光下晒一晒。

Q

给空气凤梨浇水时,
需注意什么?

A

空气凤梨大多喜干旱环境,也有少部分喜湿润的品种,浇水时应先了解该品种空气凤梨的习性。同时,若用空气凤梨与干花搭配,浇水时,要注意,应将空气凤梨单独拿出外面喷水,放在阴凉通风的地方,待干后再放到容器里,微景观容器内时刻要保持干燥。

Q

如何制作干花?

A

简单的干花制作可使用自然风干的方法,这种方法适用于含水量较少的鲜花材料,比如千日红、勿忘我、满天星等。可将准备用作干花的材料用麻绳捆绑成束,倒挂在凉爽、干燥的地方。另外,还可以借助微波炉和烘干机制作干花(千日红等不适用此方法)。注意在梅雨天气不适合制作干花,此时空气湿度大,在晾花的过程中材料易发霉。

植物空间站

空中的植物微景观

利用麻绳和支架，把各类容器悬挂起来，用鲜活的植物微景观打造出真正的空中花园。

阳光正好，微风习习，通透的玻璃容器，配上生机勃勃的绿植，在清风中摇曳生姿。

太空吟游者

蓝鸟张开叶片仿佛在捕捉来自遥远星球的声音；

塔洛克则似乎在向这个浩渺的太空展示自己彩虹一样的魅力；

而若歌诗恍若一位诗人，

陶醉地摇曳着，吟唱着关于美的词句。

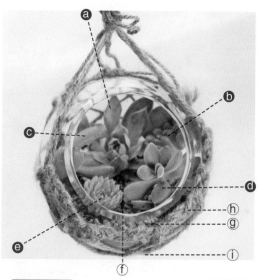

植物

ⓐ蓝鸟
ⓑ塔洛克
ⓒ熊童子
ⓓ若歌诗
ⓔ草莓卷娟

材料

ⓕ黄金麦饭石
ⓖ赤玉土
ⓗ麻绳
ⓘ黑火山石

容器

球形玻璃容器
【高10cm、外径
13cm】

制作方法

1. 将黑火山石铺在玻璃容器底部，作为渗水层。
2. 在黑火山石上面再铺一层赤玉土，作为种植多肉的基质。
3. 用麻绳编织网袋，包在玻璃容器外。
4. 种植蓝鸟，然后种入塔洛克和若歌诗。
5. 种容器口附近的植物，用小勺加黄金麦饭石固定造型。

制作要点

● 编织网袋时要与容器的大小和形状相符，可以将麻绳套在容器上编织，不断调整网袋的大小。

夏日风铃

芙蓉卷娟静静绽放，守望着树叶间透过的阳光；

这时，塔洛克已经被日光染上了红晕；

一阵风来，吹醒了空中的绿之铃，为这惬意的夏天奏上一曲轻快。

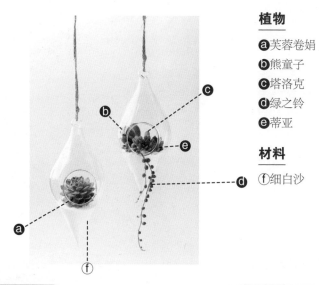

植物

ⓐ芙蓉卷娟
ⓑ熊童子
ⓒ塔洛克
ⓓ绿之铃
ⓔ蒂亚

材料

ⓕ细白沙

容器

双尖悬挂式花瓶
【外径8cm、
高18cm、口径
5cm】

制作方法

1. 用圆口容器作为临时底座，以便操作。将细白沙分别装入两个容器。
2. 在其中一个容器中种植一株大小合适的芙蓉卷娟。
3. 在另一个容器中，种入绿之铃，埋好根，叶子露在瓶外。
4. 用镊子夹住熊童子的根茎处，镊子左右摇晃，顺势插入有绿之铃的细白沙中。
5. 将蒂亚和塔洛克在绿之铃瓶中种好，调整好造型后加细白沙固定植株。

制作要点

● 使用临时底座，以便于操作。
● 细白沙营养有限，浇水时需添加营养液。

流连旧时光

过去的时光也许是一杯醇厚的咖啡，

苦涩香浓，耐人寻味；

或者是一抹白月光，每次想起都会不禁心动；

抑或是一颗可爱的软糖，让人甜在心里笑在脸上。

植物

ⓐ新雪球
ⓑ胧月
ⓒ姬秋丽

材料

ⓓ黑火山石
ⓔ赤玉土
ⓕ松鳞

容器

水滴形吊瓶
【宽10cm、高
20cm】

制作方法

1. 用勺子在玻璃容器的底部铺薄薄一层黑火山石，作为渗水层。
2. 铺一层赤玉土，作为种植多肉的基质。
3. 用镊子稳稳地夹住胧月和姬秋丽的基部，利用镊子拨开植料，将多肉的根部种入土中。
4. 用勺子在种植的多肉周围再铺一层发酵松鳞。
5. 在容器出口处种上新雪球，覆上土和松鳞。

制作要点

● 容器的口径较小，稍微大一点的多肉可以掰掉几片叶子再种植。

海洋游乐

白色的珊瑚骨给人一种海底世界的奇幻想象，

仿佛玻璃潜艇载着萌肉植物在碧绿的海域浮潜，海景在玻璃上映射，

乙女心、吉娃娃、玫瑰莲、新玉缀和旋叶姬星美人

也沉醉其中，扮演着珊瑚和珍珠。

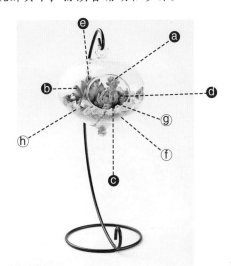

植物

ⓐ新玉缀
ⓑ吉娃娃
ⓒ玫瑰莲
ⓓ旋叶姬星美人
ⓔ乙女心

材料

ⓕ绿色玻璃沙
ⓖ赤玉土
ⓗ珊瑚骨

容器

圆萝卜形玻璃瓶
【长14cm、高
14cm、口径
7cm×5cm】

制作方法

1. 在瓶底铺一层绿色的玻璃沙。
2. 在玻璃沙中间再铺一层赤玉土，作为种植多肉的基质。
3. 沿着赤玉土周围铺一圈珊瑚骨，作为装饰。
4. 一手固定容器，一手用镊子将植物种在赤玉土中。
5. 种好周围的多肉，新玉缀和乙女心种在后面，矮小的旋叶姬心美人种在靠近出口的地方。
6. 中间种上吉娃娃和玫瑰莲，然后将容器擦拭干净。

制作要点

● 悬挂后再定种植的位置和高度，确保角度和造型不发生变化。

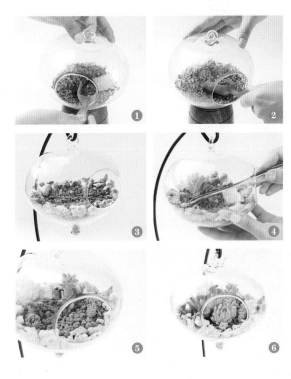

"粉安妮"的玻璃花房

"粉安妮"在玻璃花房，

静看四时变化，

雨后天边的彩霞散落，

变成叶子上的粉红。

植物

ⓐ粉安妮网纹草
ⓑ大灰藓

材料

ⓒ珍珠岩
ⓓ赤玉土
ⓔ粗麻绳

容器

房子造型玻璃容器
【直径11.7cm、
高11.8cm、口径
2.5cm】

制作方法

1. 粗麻绳一端打结后，穿入容器上方的空中作为吊索。在玻璃容器底部铺一层珍珠岩。
2. 借助纸筒，让赤玉土沿着纸筒壁缓慢滑入容器中。
3. 在容器内侧铺上大灰藓。
4. 修剪粉安妮网纹草的老根、坏根。
5. 用镊子将网纹草种入。
6. 用大灰藓盖住其他裸露的植料，并将苔藓和网纹草叶片上不小心沾上的泥土冲洗干净。

制作要点

● 这种较为密闭的小容器中适合种入生长速度慢且耐湿的植物。

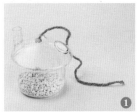

食野之苹

又是一个万物生长的雨季，

空气中还弥漫着一层水汽，草地上的露珠也还没有被阳光蒸发。

金发藓像是一片生长茂盛的树丛，而一只美丽的长颈鹿正站在碧绿的草地上寻觅着自己喜欢的那片树叶。

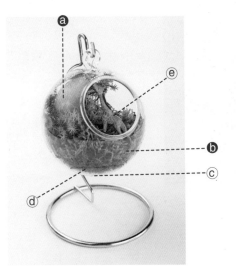

植物
ⓐ金发藓
ⓑ大灰藓

材料
ⓒ珊瑚骨
ⓓ赤玉土
ⓔ长颈鹿摆件

容器
悬挂型球形玻璃容器
【直径10cm】

制作方法

1. 在玻璃容器底部铺一层珊瑚骨，作为渗水层。
2. 在珊瑚骨表面铺一层赤玉土，赤玉土具有良好的渗水性和保水性。在玻璃容器的最里侧种上金发藓。
3. 剩下的部分铺上大灰藓，并将铺好苔藓的玻璃容器悬挂在支架上。
4. 把长颈鹿摆件摆放在合适的位置。

制作要点

● 金发藓和大灰藓都喜湿，要经常喷水，保持空气湿润。

饲养热带雨林

下面的鲜水苔像是一片生长茂盛的草丛，

而金发藓和万年藓则像是长势旺盛的灌木和乔木，

水汽弥漫，生机勃勃，

这俨然是热带雨林的一角。

私自采集热带雨林的一缕气息，饲养在瓶中，

让热带雨林住在自己家里。

植物

ⓐ金发藓
ⓑ万年藓
ⓒ鲜水苔
ⓓ羊毛藓

材料

ⓔ赤玉土
ⓕ红火山石

容器

玻璃密封瓶

【底径9cm、高30cm】

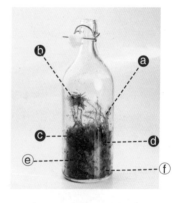

制作方法

1. 借助纸筒，在容器底部铺一层红火山石和一层赤玉土。
2. 借助长镊子，在植料上铺一层鲜水苔，再种上羊毛藓。
3. 在一侧种下金发藓，金发藓特别怕干旱，一定要将其根部种入赤玉土中。接着种入万年藓作为主角。
4. 用清水将苔藓冲洗干净。

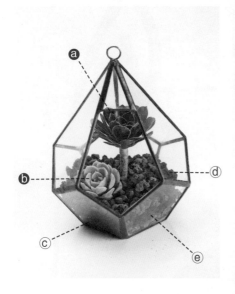

植物

ⓐ黑法师
ⓑ新雪球

材料

ⓒ红火山石
ⓓ黑火山石
ⓔ培养土

容器

晶石形状几何花器
【宽11cm、高13cm】

制作方法

1. 先往容器中加入红火山石，再放入营养土。
2. 把黑法师种在中间，加土轻轻压实，以固定黑法师。
3. 种上与黑法师颜色和质感反差较大的新雪球，铺一层黑火山石。

"黑法师"权杖

黑法师矗立在这个小世界的中央，
如权杖般庄严肃穆。

"新玉缀" 凭栏倚望

田园人家，屋前小院，
新玉缀依靠着栅栏，凭栏倚望，
守候归人。

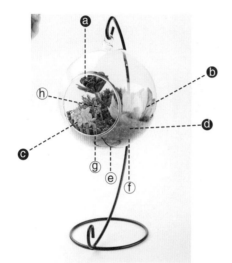

植物

ⓐ黑法师
ⓑ蓝鸟
ⓒ新玉缀
ⓓ白发藓

材料

ⓔ黑火山石
ⓕ培养土
ⓖ小栅栏摆件
ⓗ梅花鹿摆件

容器

球形玻璃容器
【直径15cm】

制作方法

1. 找一底座稳固圆底的容器，沿着玻璃容器的弧度在底部平铺一层黑火山石，作为渗水层。
2. 加入培养土，使土面中间高两边低，提高保水保肥的能力。
3. 种上黑法师和蓝鸟。
4. 栅栏摆好造型，插入土中。
5. 选择有一定弧度的新玉缀种在栅栏后面，倚靠在栅栏上。
6. 用白发藓铺满整个土面，放上颜色鲜艳的梅花鹿作为装饰。

制作要点

● 尽量选择耐旱的苔藓和耐湿性强的多肉。一旦多肉出现水化现象，就要及时移出晾干。

飘浮花园

铁环环环相扣，似乎拥有魔法，

让多肉花园飘浮在空中。

花园里的

菲欧娜和华丽风车一定是晒了

一天的太阳，

正准备迎接夜晚的月亮，

沐浴如水的月光。

植物

ⓐ吉娃娃

ⓑ姬秋丽

ⓒ菲欧娜

ⓓ马库斯

ⓔ蒂亚

ⓕ华丽风车

材料

ⓖ黑色水洗石

ⓗ培养土

ⓘ红火山石

容器

创意酒瓶花器

【长30cm、宽7.5cm、高6cm】

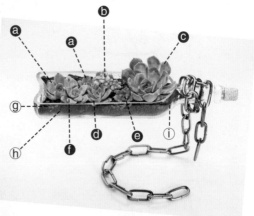

制作方法

1. 在容器底铺一层红火山石。

2. 铺一层培养土，培养土的高度以离容器上开口0.5cm左右为宜。

3. 种入大小不一的吉娃娃形成呼应，种入颜色和形态出众的华丽风车增添色彩。

4. 另一边，先种入株型最大、根系也最旺盛的菲欧娜，再种入其他多肉。用黑色水洗石作为铺面。

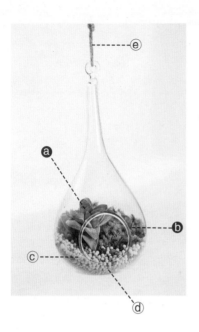

植物

ⓐ 小夜衣
ⓑ 白发藓

材料

ⓒ 彩色陶粒
ⓓ 赤玉土
ⓔ 麻绳

容器

水滴形吊瓶
【横径10cm、高
20cm】

制作方法

1. 吊瓶底底部铺一层彩色陶粒，作为渗水层。
2. 吊瓶底铺一层赤玉土，作为种植基质。
3. 在中间偏一侧的位置种上小夜衣。
4. 用镊子将预备好的白发藓铺在多肉周围，这样这个作品就完成了。

梦境相遇

五颜六色的彩色陶粒，碧绿的苔藓地，
梦幻而美丽。
灰绿色的小夜衣静静地生长在这个小世界的一角，
与之相遇仿佛梦境。

早安　清晨

拂开夜的最后一层轻纱，三角琉璃莲在黎明中醒来；

收集着清晨的第一缕阳光，

薄雪万年草化为朦胧光晕，萦绕在三角琉璃莲身旁。

元气氤氲，生机盎然，新的一天由此展开。

植物

ⓐ三角琉璃莲
ⓑ薄雪万年草

材料

ⓒ珊瑚骨
ⓓ赤玉土

容器

悬挂型球形玻璃
容器

【直径10cm】

制作方法

1. 在容器底部铺一层珊瑚骨，既是装饰物，也有利于透气渗水。

2. 在珊瑚骨上面再铺一层赤玉土，作为种植多肉的基质。

3. 在正中位置种上多肉三角琉璃莲。

4. 在三角琉璃莲的四周种满薄雪万年草。

5. 将完成的作品悬挂在支架上，放在合适的位置就可以了。

制作要点

● 选用小颗粒的赤玉土，比较好种植。种植薄雪万年草时，用镊子轻轻夹住根部，左右晃动镊子头，顺势将其种入土中，切勿夹伤。

玩转空气凤梨

懒人也爱动手做的艺术品

空气凤梨是一种可以完全生长在空气中的凤梨科植物。不需要过多的养护，只需保持良好的空气湿度便可生长良好。

用空气凤梨制作微景观，摆脱了土壤种植的限制，你只需要放飞想象，就能轻松做出造型多变、创意无限的作品。

黄金时代

定格在最美的时刻，一瞬即永恒。

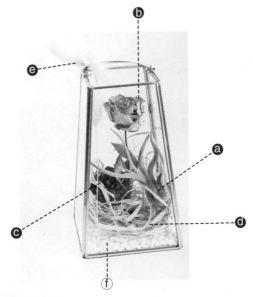

植物

ⓐ美杜莎
ⓑ玫瑰干花
ⓒ松果
ⓓ拉菲草
ⓔ兔尾草干花

材料

ⓕ白玉石

容器

梯形金属框玻璃容器
【底边长13cm、高21cm】

制作方法

1. 在容器底部铺薄薄的一层白玉石，作为整个微景观的衬托。
2. 将拉菲草自然攒成球，放入玻璃容器中，作为其他植物的支撑。
3. 在左后方放入一个深棕色松果，落在拉菲草团上。
4. 在右前方放入一株美杜莎空气凤梨。
5. 在中间插入一枝玫瑰干花。
6. 点缀性地插入几支兔尾草干花即完成。

制作要点

● 空气凤梨要定期取出喷水，吸饱水、晾干表面后再放回容器。

烂漫烟花

空气凤梨如烟火绽放，

点亮天穹，

绣球花瓣和满天星述说着浪漫。

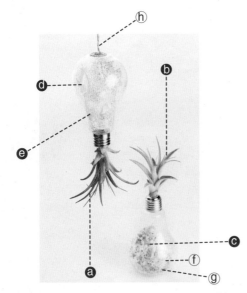

植物

ⓐ 贝可利
ⓑ 卡比塔塔
ⓒ 满天星干花
ⓓ 绣球花干花
ⓔ 霞草干花

材料

ⓕ 麻丝
ⓖ 陶粒
ⓗ 麻绳
ⓘ 酒精胶

容器

灯泡形玻璃器皿
【宽8cm、高
14cm】

制作方法

1. 在两个灯泡形玻璃器皿中放入陶粒、麻丝，作为干花的支撑。
2. 点缀同色系的霞草干花，霞草花朵圆圆的形态与陶粒形成呼应。
3. 将绣球花干花和满天星干花剪为零散的小花，贴壁放入容器中。
4. 在其中一个灯泡底部涂上酒精胶，在胶水上盘上麻绳，用镊子压牢。
5. 在容器口涂上一圈酒精胶，轻轻插上空气凤梨，用酒精胶粘牢即可。

制作要点

● 悬挂造型的灯泡不宜过重，如放陶粒等要控制好量。
● 喷水时要避免水流入灯泡中。

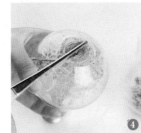

云端

山崖崎岖，高耸入云，
天鹅绒和小蝴蝶穿过云层，飞上山顶。

植物
- ⓐ天鹅绒
- ⓑ小蝴蝶

材料
- ⓒ白玉石
- ⓓ松皮石
- ⓔ胶水

容器

炮弹形玻璃花器
【长20.5cm、
宽14cm、口径
8.5cm】

制作方法

1. 根据容器的形状选择两块松皮石。摆放时，可以用胶水黏合石头。
2. 为了加强稳固性，增加观赏性，倒入白玉石。
3. 根据容器空间，选择大小合适的天鹅绒空气凤梨。
4. 在外侧的孔穴中再植入一株小蝴蝶。

制作要点

● 放入天鹅绒时，用镊子轻轻夹住其基部，顺着叶片放入，切勿折伤叶片。

霞

奶油色调的
绣球花、霞草、满天星和康乃馨，
梦幻又柔和，
粉精灵如红霞迸发，照亮这份美好。

植物
- ⓐ粉精灵
- ⓑ天鹅绒
- ⓒ绣球花永生花
- ⓓ康乃馨永生花
- ⓔ霞草干花
- ⓕ满天星干花
- ⓖ白色永生苔藓

材料
- ⓗ鹅卵石
- ⓘ沉木
- ⓙ酒精胶

容器
大号玻璃罐
【直径9cm、高40cm】
小号矮玻璃罐
【外径14cm、口径9cm、高32cm】

制作方法

1. 分别在两个玻璃器皿底部铺一层鹅卵石。
2. 放入沉木，直筒状的容器选择有一定曲线的沉木，柔化线条。
3. 分别在沉木上放白色永生苔藓，可用酒精胶固定造型。
4. 分别在永生苔藓旁放一小丛绣球永生花和康乃馨永生花。
5. 分别在两个玻璃器皿中点缀几枝白色满天星和米色霞草干花。
6. 分别在两个容器中植入天鹅绒空气凤梨，盖上玻璃盖。

制作要点

● 两个容器为一个组合，花材的种类和颜色要呼应也要有变化。

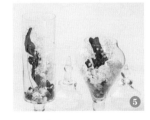

冬日肃杀

这片黑土地上已覆满白霜，散发着丝丝寒意；

这时，兔尾草干花还不愿沉睡，在凉风中摇曳成米黄，寒色逼人；

枯木也越发虬曲，苍劲有力，呈现出一派冬日肃杀景象。在这万物冬藏的日子里，顽强的三色花，坚韧地开出一抹绿色，引来了一束暖阳。

植物

ⓐ兔尾草干花

ⓑ三色花

ⓒ橡果

材料

ⓓ黑色水洗石

ⓔ树根（杜鹃根）

ⓕ麻丝

ⓖ酒精胶

容器

长方形玻璃缸

【长28cm、宽8cm、高18cm】

制作方法

1. 在长方体形的玻璃容器底部铺一层干燥的黑色水洗石。

2. 挑选合适的树根进行造型，作为整个微景观的骨架。

3. 在一侧插入几枝毛茸茸的兔尾草干花。注意兔尾草要高低错落，给人一种自然的感觉就好。

4. 用麻丝圈成鸟巢造型，粘在树根上，摆上两颗橡果。

5. 将三色花放在树根上，如果不稳，可以用酒精胶固定。

制作要点

● 制作时，要围绕冬日主题，材料上要以素色为主，能更好地凸显冬天的肃杀之气。

庆祝派对

白色的石子、白色的永生苔藓、粉白色的满天星、
清新的米花，如梦似幻，
气氛温馨就像快乐的派对。

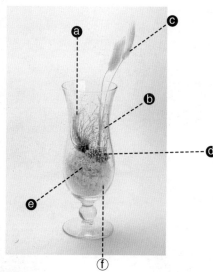

植物

ⓐ白毛
ⓑ霞草干花
ⓒ兔尾草干花
ⓓ米花干花
ⓔ白色永生苔藓

材料

ⓕ白玉石

容器

矮脚酒杯
【外径5cm、高
20cm】

制作方法

1. 在酒杯底部铺一层白玉石。
2. 在白玉石上再放一层白色永生苔藓，增加柔软的感觉。
3. 插入两枝粉色的兔尾草干花，并在兔尾草干花下半部分填充粉色的霞草干花，然后调整好兔尾草干花的造型。
4. 在兔尾草干花和霞草干花的基部放上粉色的米花干花，达到加重基部色彩的作用。
5. 放一株白毛空气凤梨即可。

制作要点

● 白毛空气凤梨柔软轻盈，选择同样清新的花材搭配，相辅相成，营造梦幻感。

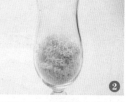

时光琉璃

春天的新芽、夏天的花、

秋天的果实、冬天的雪、

森林里的苔藓、深海的珊瑚和贝壳……

凝固光阴迁移，收集世间美好，储藏在时间琉璃里。

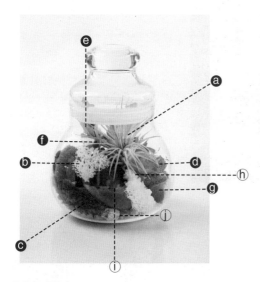

植物

- ⓐ原生精灵
- ⓑ永生苔藓
- ⓒ勿忘我干花
- ⓓ玫瑰干花
- ⓔ银叶菊叶片干花
- ⓕ小干花
- ⓖ橡果

材料

- ⓗ珊瑚骨
- ⓘ仿真苔藓
- ⓙ贝壳

容器

密封玻璃储物罐
【外径10cm、高
17cm】

制作方法

1. 用珊瑚骨和贝壳，铺满容器底。
2. 放一块仿真苔藓。
3. 勿忘我干花剪去花枝，摆放在仿真苔藓旁边，形成色彩对比。
4. 放入永生苔藓、珊瑚骨，形成紫、绿、白三个清爽的色块。
5. 放入深色的橡果、紫色玫瑰干花，丰富层次。
6. 放入原生精灵空气凤梨，点缀上银叶菊叶片干花和小干花。

制作要点

● 使用的花材种类较多时，要注意色彩的搭配要和谐，不要用太多鲜艳的颜色。

①

②

③

④

⑤

⑥

舞

空气凤梨翩然起舞，

纤细的白毛，是空灵之舞；

粗壮厚实的美杜莎，

是健美之舞；

灵动而精巧的小蝴蝶，

在树枝上旋转飞舞，是轻盈
之舞；

而枝杈上的奥萨卡纳叶片蜷曲
富有变化，

是妖娆之舞。

植物

ⓐ白毛
ⓑ美杜莎
ⓒ小蝴蝶
ⓓ奥萨卡纳

材料

ⓔ拉菲草
ⓕ杜鹃根

容器

收口玻璃瓶
【外径12cm、高
19cm】

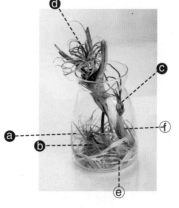

制作方法

1. 拉菲草绕成圈，放入瓶底再打
   散，以自然又不凌乱为宜。
2. 在拉菲草上放上白毛空气凤梨和
   美杜莎。
3. 将各种形状的杜鹃根放入容器比
   对，挑选最合适的。
4. 将杜鹃根取出在其中部粘一株小
   蝴蝶，然后插入玻璃器皿中，并
   在枝杈上放上一株奥萨卡纳。

植物

ⓐ奥萨卡纳
ⓑ卡比塔塔
ⓒ原生精灵
ⓓ人造干花
ⓔ千日红干花
ⓕ小菊花干花

材料

ⓖ米白色麻丝
ⓗ浅蒂芙尼色麻丝

容器

高玻璃杯
【外径7cm、高
11cm】
矮玻璃杯
【外径7cm、高
5.5cm】

制作方法

1. 米白色和浅蒂芙尼色的麻丝攒成鸟巢
   状，层层叠放在容器中。另外两个容器
   依此操作。
2. 三个容器分别贴壁放入干花，最后分别
   放入空气凤梨，并点缀一些干花即可。

三秋

春天里的原生精灵，稚嫩又梦幻；

夏日的卡比塔塔已染上红晕；

秋季到来，奥萨卡纳的秀发被秋风
烫卷。

冬日梦初醒

黑色的陶粒，枯黄的树枝，雪白的绣球花瓣，

给人带来一股清冷萧瑟之意。

而三枝黄色的小菊花仿佛给这个寒凉的世界带来了几缕暖阳。

树枝上的小蝴蝶仿佛才从冬眠中苏醒过来，惺忪的眼想看清眼前新的世界。

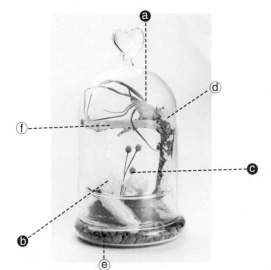

植物

ⓐ小蝴蝶

ⓑ绣球花永生花

ⓒ黄色小菊干花

容器

玻璃景观罩

【外径10cm、高 19cm】

材料

ⓓ枯木

ⓔ黑色水洗石

ⓕ树枝

ⓖ胶带

制作方法

1. 在器皿底铺上干燥的黑色水洗石。
2. 在一侧摆放上粗细、形态、颜色不一的枯木。
3. 在枯木旁边再放上几朵白色的绣球花永生花瓣。
4. 将黄色的小菊干花用胶带固定后，稳稳地插在石头上。
5. 在树枝上固定好一株小蝴蝶空气凤梨，插入水洗石中固定。
6. 调整位置，盖上玻璃罩。

制作要点

● 挑选大小形态合适的树枝，若树枝稍长可以截断使用。树枝的横截面避免太平整，可以直接用手折断，使断面更自然。

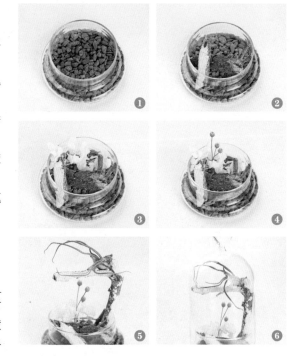

下午茶的香味

时光如水，泡一壶缤纷花果茶，茶香袅袅，品一份闲适味道。

麻丝仿佛是这个茶壶里的水，将繁花沏成一壶芬芳的茶。

而小蝴蝶灵动的叶如茶香从壶口飘散出来，这是属于自己的下午茶时光。

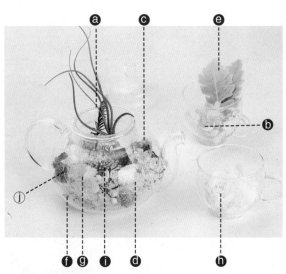

植物

ⓐ小蝴蝶

ⓑ绣球花永生花

ⓒ千日红干花

ⓓ米花干花

ⓔ银叶菊叶片干花

ⓕ满天星干花

ⓖ霞草干花

ⓗ玫瑰永生花

ⓘ乌桕果

材料

①米白色麻丝

容器

玻璃茶壶【外径 12cm、高10cm】

制作方法

1. 米白色麻丝圈成团，在麻丝团的边缘环绕上几枝满天星和霞草干花。
2. 将麻丝团放入玻璃茶壶中，用镊子调整，使得干花均匀散开。
3. 环绕茶壶在壶壁和麻丝之间放入粉色的千日红干花。
4. 在麻丝团中间点缀几朵绣球花永生花花瓣和白色乌桕果。
5. 在茶漏中放几枝米花，再放上一株空气凤梨小蝴蝶。
6. 搭配上两个玻璃杯。

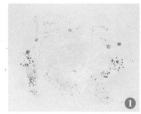

制作要点

● 模仿花果茶的缤纷色彩，选用花材，花材要在麻丝中穿插错落，让整体看上去自然轻松。

旧美人

棉花和松鳞的古朴素雅，

给粉精灵和千日红的红色增添了旧时韵味，

如那旧美人亭亭而立。

植物

ⓐ粉精灵
ⓑ棉花干花
ⓒ千日红干花

材料

ⓓ松鳞
ⓔ鹅卵石

容器

直筒玻璃瓶

【直径8cm、高20cm】

制作方法

1. 在玻璃器皿底部铺一层鹅卵石。
2. 在鹅卵石上再铺一层松鳞，增加层次感。
3. 插入三枝棉花干花，注意三朵棉花要高低错落有致，棉花面向三个不同的方向。
4. 植入一株粉精灵空气凤梨，稳稳地放在最下面那朵棉花上。
5. 插入两三枝千日红干花，要注意错落有致，高度略高于棉花。

制作要点

● 棉花的自然枝干如果不好看，可以截断枝干，用褐色的金属细棍替代，并缠绕褐色的胶带固定。

两个世界

奥萨卡纳在暗夜里砥砺前行，狂风吹乱了它的头发；

而原生精灵则沐浴着春日的阳光，暖暖的微风轻抚它的面庞。

看似两个截然不同的天地，却存在于同一个世界，

原来，和风旭日、狂风暴雨都是生活该有的样子。

植物

ⓐ 昙花小苗
ⓑ 奥萨卡纳
ⓒ 原生精灵

材料

ⓓ 黑火山石
ⓔ 赤玉土
ⓕ 鹅卵石
ⓖ 白玉石
ⓗ 培养土
ⓘ 黑色水洗石
ⓙ 松皮石

容器

方形玻璃杯
【底边长7.5cm、
高14cm】

制作方法

1. 做好渗水层，在两个杯子中分别铺上黑火山石和白玉石。

2. 在两个玻璃杯中分别加入赤玉土和培养土，作为保水层。

3. 在赤玉土上铺上一层小鹅卵石，在培养土的一侧插入一小块松皮石。

4. 在松皮石周围点缀一两株昙花小苗，然后在培养土表面铺上黑色水洗石。

5. 分别在两个杯子放入空气凤梨。

制作要点

● 杯中种植土浇水后可以起到保湿的作用，但空气凤梨不要接触湿土，同时还要注意通风透气。

❶

❷

❸

❹

❺

古亭

长亭外，古道边，芳草碧连天。
贝可利如日暮下思念旧友的诗人，任凭思绪蔓延生长，
将回忆里的点滴种在心头，开出美好的花，
不知不觉间已被夕阳的余光染红了衣裳。

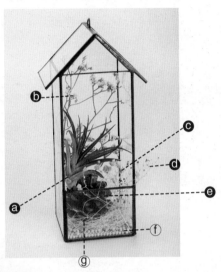

植物

ⓐ贝可利
ⓑ水晶草干花
ⓒ满天星干花
ⓓ霞草干花
ⓔ松果

材料

ⓕ彩色陶粒
ⓖ浅蒂芙尼色麻丝

容器

房屋形几何玻璃花罩

【底边13cm、高25cm】

制作方法

1. 在容器底部铺一层彩色陶粒。
2. 在陶粒上放一团浅蒂芙尼色麻丝。
3. 在容器内斜插入水晶草干花，作为背景。
4. 在水晶草的基部放一个松果。
5. 在容器口一侧再点缀几枝蓝色满天星干花，再用同色的霞草干花填充在满天星干花周围。
6. 将一株贝可利放在中下方的视觉中心处。

制作要点

● 水晶草的数量不可太多，清疏的水晶草作为背景配上容器的黑色几何线条和空气凤梨的铁红，共同营造出中国古风的神韵。

桌上微花房

在餐桌、茶几、案头摆上一份闲适

用小号容器制作小巧精致、易摆放的桌上花房,在餐桌、茶几、案头摆上一份闲适。小而美的桌上花房,实用性更强,操作简单,适合随手创作,也适合入门练习。

水晶花圃

白雪光和白鸟的芒刺如那水晶的璀璨光芒，耀眼美丽。

植物

- **ⓐ**黑法师
- **ⓑ**白雪光仙人球
- **ⓒ**十二卷
- **ⓓ**白鸟

材料

- **ⓔ**赤玉土
- **ⓕ**蓝色水晶石
- **ⓖ**彩色贝壳
- **ⓗ**水晶砂
- **ⓘ**黄金麦饭石

容器

正方体玻璃杯
【边长10cm】

制作方法

1. 在玻璃容器的底部铺设一层黄金麦饭石，作为渗水层。
2. 加入赤玉土，作为种植基质。
3. 种入一株黑法师和两棵白雪光，形成一个不等边三角形。
4. 种入十二卷和白鸟。
5. 铺上有一定透明度的水晶砂。
6. 放上几个蓝色水晶石和彩色贝壳，使得作品的色彩搭配更丰富。

制作要点

● 植物和装饰物摆放的位置，有一个简单的原则，同组中每三个位置点连线后都形成不等边三角形。

来自秋天的情书

冬雪漫漫，这里已然银装素裹，
风中飘来一片红叶，打破了冰封的凛冽，
这或许是秋天寄来的情书吧。

植物

ⓐ三角琉璃莲
ⓑ白鸟
ⓒ草莓卷娟
ⓓ原生精灵

材料

ⓔ黄金麦饭石
ⓕ珍珠岩
ⓖ培养土

容器

玻璃烛台
【底径13cm、高12cm】

制作方法

1. 在容器底部铺设一层黄金麦饭石，作为渗水层。
2. 保持前低后高，在麦饭石的上面铺一层珍珠岩，珍珠岩具有很好的透气渗水性。
3. 在珍珠岩的中间加入培养土，作为种植多肉的基质。
4. 在最高的地方种下三角琉璃莲，再种下草莓卷娟和白鸟。
5. 覆土后再覆一层珍珠岩，然后放入一株原生精灵。

制作要点

● 培养土放在珍珠岩的内侧，只露出珍珠岩和麦饭石会比较清新。

惬意午后时光

碧绿的苔藓仿佛河畔的一片草地，

大概是一个雨后的下午，太阳才刚刚从云层里透射出来，照射在绿地上，

增添了几分暖意，

一只青蛙惬意地躺在这片绿地上享受着阳光，呼吸着新鲜空气。

植物

ⓐ白发藓

材料

ⓑ人造水晶砂
ⓒ培养土
ⓓ青蛙摆件

容器

方形玻璃瓶
【底边长7cm、
高8.5cm】

制作方法

1. 在玻璃容器底部铺一层人造水晶砂，用小勺拨弄，使中间低四周高。
2. 在水晶砂中间加入培养土。玻璃容器的口较小，可以让土顺着牛皮纸筒集中滑入容器。
3. 调整土壤使一边高一边低，之后在培养土上面铺满白发藓。
4. 将青蛙摆件摆放在苔藓上。

制作要点

● 铺苔藓时，保持一侧高一侧低，利于从侧面观赏。

白月光

月色如水，撒银满地，
姬玉露踮起脚尖，收集皎洁的月光，
变成莹亮的宝石。

植物

ⓐ姬玉露
ⓑ草莓卷娟
ⓒ姬星美人

材料

ⓓ蓝色陶粒
ⓔ赤玉土
ⓕ细白沙

容器

牛奶盒玻璃容器
【底边长7cm、
高9.5cm】

制作方法

1. 在玻璃容器底部铺一层蓝色陶粒，作为渗水层。
2. 在蓝色陶粒上再铺一层赤玉土。
3. 在赤玉土上再铺厚厚的一层细白沙。
4. 用勺子在白沙上挖种植穴，然后种入姬玉露、草莓卷娟和姬星美人。
5. 在多肉植株间的空隙处放少量的蓝色陶粒，起到装饰作用。

制作要点

● 根据容器口径选择大小合适的植物。

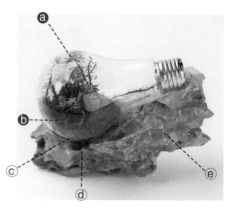

植物

ⓐ金发藓
ⓑ苔藓

材料

ⓒ黑火山石
ⓓ赤玉土
ⓔ松皮石

容器

灯泡形玻璃器皿
【宽8cm、高14cm】

生命之光

小小的世界里似乎有着大大的梦想，
碧绿的金发藓依靠着大自然赐予的每一
滴雨露和每一缕阳光，苗壮成长。
世界虽小，
但是每一个生命都拥有绽放的权利。

制作方法

1. 容器中放入少许黑火山石。
2. 将纸筒沿容器口插入玻璃容器中，让赤
   玉土顺着纸筒滑入。
3. 植入新鲜苔藓和几株金发藓，最后用胶
   水将灯泡器皿固定在松皮石上。

珠宝盒

玉露、

十二卷、玉扇、

新玉坠、

佛珠等，

如翡翠、钻石一般通透美丽，

让小小的玻璃盒

变成价值连城的珠宝盒。

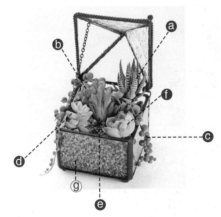

植物

- **a** 十二卷
- **b** 玉露
- **c** 绿之铃
- **d** 新玉缀
- **e** 玉扇
- **f** 新雪球

材料

- **g** 黄金麦饭石

容器

翻盖珠宝盒
【底边长8cm、
高11cm】

制作方法

1. 在珠宝盒中装入黄金麦饭石。
2. 先在最后侧种上十二卷、玉露，再种上绿之铃。
3. 将剔透的玉扇植于中间位置。
4. 最后在最前端种上新玉缀和新雪球，用麦饭石覆盖根部，固定植株。

魔法水晶球

透过水晶球看到树林一角，

竹柏在风中摇曳，用翠绿衬托出黑法师的神秘，

黑法师积蓄了太阳能量，释放着魅力魔法。

植物

ⓐ黑法师
ⓑ华丽风车
ⓒ吉娃娃
ⓓ罗汉松

材料

ⓔ黑火山石
ⓕ赤玉土
ⓖ松鳞

容器

球形玻璃罩分体瓶
【球直径15cm、
底径12cm、高
18cm】

制作方法

1. 在容器底部铺一层黑火山石，让火山石充满底座下层的空间。

2. 在黑火山石上面中间区域再铺一层赤玉土。

3. 围绕赤玉土铺一圈松鳞。

4. 在中间位置种上黑法师，然后在其前方种上华丽风车和吉娃娃。

5. 再种植两株罗汉松小苗，种好后在基质表面再铺一层松鳞。

6. 浇适量水，稍稍调整罗汉松的位置，并盖上玻璃罩。

制作要点

● 用黑火山石和松鳞片遮挡住赤玉土，可增强观赏性。

海景花园

蓝色的彩砂如海水拍岸，助海龟上岸，

沙滩上吉娃娃在享受着正午的阳光，

墨绿色的四海波在想象着远方大海上的波涛汹涌，

新玉缀如萌版椰树，陶醉于阵阵海风中。

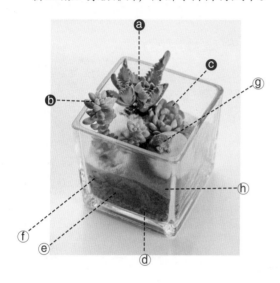

植物

ⓐ四海波

ⓑ新玉缀

ⓒ玫瑰莲

材料

ⓓ彩色陶粒

ⓔ赤玉土

ⓕ培养土

ⓖ乌龟配件

ⓗ细沙

容器

正方体玻璃杯

【边长8cm】

制作方法

1. 在玻璃容器底部铺一层彩色陶粒，作为渗水层。

2. 装入赤玉土，然后再铺一层培养土，作为种植多肉的基质。

3. 种入多肉，种植多肉的区域大致呈现出一个不等边三角形。

4. 在种植多肉的三角形区域上铺一层白色细沙作为白沙滩，相对区域铺上浅蓝色细沙和蓝色细沙做成渐变色，模仿蓝色的海洋。

5. 在蓝色细沙上放一个小乌龟摆件。

制作要点

● 赤玉土上加一层培养土可以减少细沙下渗。

和而不同

两个相似的容器里，

两株姬凤梨相对而望，如志趣相投的君子。

两个存在差异的个体，却看似一个和谐的整体，

正如君子之和而不同。

植物

ⓐ姬凤梨

ⓑ紫龙角

ⓒ草莓卷娟

材料

ⓓ黑色水洗石

ⓔ赤玉土

ⓕ培养土

ⓖ松鳞

ⓗ水晶砂

容器

小号玻璃容器

【外径10cm、高15cm】

大号玻璃容器

【底径12cm、高17cm】

制作方法

1. 在左右一小一大两个玻璃容器底部铺一层黑色水洗石。

2. 小容器中铺一层赤玉土，大容器中铺一层培养土，作为基质。

3. 分别在两个玻璃容器中种上姬凤梨。

4. 在小容器中种入草莓卷娟，大容器中种紫龙角和草莓卷娟。

5. 在小容器的最上面再铺一层松鳞，大容器中再覆盖一层水晶砂。

制作要点

● 土壤基质不能太厚，要保证植物处于容器弧形中部，以利于观赏。

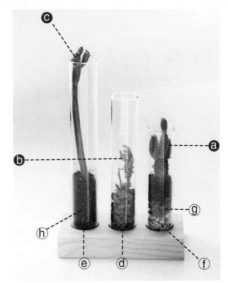

植物

- ⓐ黄毛掌
- ⓑ昙花小苗
- ⓒ光棍树

材料

- ⓓ鹅卵石
- ⓔ黄金麦饭石
- ⓕ珍珠岩

- ⓖ赤玉土
- ⓗ培养土

容器

玻璃试管组合花器
【直径2.5cm，高
11cm、14cm、
17cm】

排箫

玻璃试管如长短不一的音管，
音色纯美，轻柔细腻，空灵飘逸，
歌颂着大自然。

制作方法

1. 如图，分别在三个玻璃试管中装入黄
   金麦饭石、鹅卵石、珍珠岩，作为渗
   水层。
2. 分别在三个试管中装入少量珍珠岩、赤
   玉土、培养土。
3. 分别在容器中种上细长的多肉植物。

休憩

雨后的阳光是柔和的，

薄雪万年草和白发藓越发的朝
气蓬勃，

蜗牛也忍不住从自己的硬壳中
探出头来，

沐浴阳光，

此时，是安静且美好的。

植物

ⓐ 薄雪万年草
ⓑ 白发藓

材料

ⓒ 水洗石
ⓓ 松鳞
ⓔ 鹅卵石
ⓕ 赤玉土
ⓖ 蜗牛摆件

容器

密封玻璃储物罐
【外径10cm、高
17cm】

制作方法

1. 放入水洗石和松鳞，作为渗
   水层。

2. 在容器的中间部位放一块褐色的
   扁平鹅卵石，周围放入赤玉土。

3. 在扁平鹅卵石的正前方放几块小
   鹅卵石，在铺有赤玉土的区域种
   上薄雪万年草，剩下的区域点缀
   一些白发藓。

4. 将蜗牛摆件用酒精胶固定在中间
   的鹅卵石上。

心阶段

心灵的成长，就像翻过一个又一个的山峰，

在攀登的过程中磨砺，

在登顶时豁然开朗，

下山后又是新的旅程。

植物

ⓐ金钱木

ⓑ朵朵藓

ⓒ羊毛藓

ⓓ薄雪万年草

材料

ⓔ培养土

ⓕ火山石

ⓖ树脂小兔子摆件

容器

大号玻璃瓶

【底边长8cm、高9.5cm】、

中号玻璃瓶

【底边长7cm、高8.5cm】

小号玻璃瓶

【长度8cm、宽度6.3cm、高8cm】

制作方法

1. 分别在三个器皿中铺设火山石作为渗水层。

2. 各铺一层培养土，作为种植植物的基质。

3. 分别在三个器皿的后方铺上深色的羊毛藓。

4. 在小号和大号玻皿中模拟山坡，铺上弧度合适的朵朵藓。

5. 在中号器皿中种植一株金钱木，并在中号和大号玻璃器皿内的衔接处种植少量薄雪万年草。

6. 将小兔子摆件摆放在大号器皿的苔藓块上。

制作要点

● 注意，衔接处的高度要适宜，植物种类要相呼应。

心之所往的地方

你是否也有一个想要到达的远方？

心里装着的一个地方，令人神往，也许是那静谧的森林、雨后的空山、闲适的乡村，抑或是人迹罕至的原始丛林、遥远的侏罗纪。何不把这个地方微缩在玻璃容器中，与自己常伴？

山畔别墅

冬雪消融，

万物复苏，

春天的绿色已经开始萌芽。

植物

ⓐ金发藓

ⓑ大灰藓

ⓒ羊毛藓

材料

ⓓ红火山石

ⓔ赤玉土

ⓕ千层石

ⓖ米色水洗石

ⓗ细白沙

ⓘ树脂城堡摆件

ⓙ酒精胶

容器

炮弹形玻璃花器

【长20.5cm、

宽14cm、口径

8.5cm】

制作方法

1. 容器底铺入一层红火山石，在火山石上薄薄铺一层赤玉土。

2. 紧靠着背侧容器壁放两块千层石，模拟石山。

3. 在千层石后面种一丛金发藓。

4. 在石头的前方铺颜色明亮的大灰藓，左前方铺深绿色的羊毛藓。

5. 用勺子沿着玻璃器皿铺上一层米色水洗石。

6. 在水洗石上面再铺一层细白沙。

7. 在树脂城堡底部涂上酒精胶，用镊子将其摆放在石头上。

制作要点

● 黏合石头与房子前，要清理黏合面，保持干燥，黏合得更牢固。

高山草甸

羊毛藓、朵朵藓和大灰藓构成了一片高低起伏的草甸，

这里水草丰美、空气清新，

远处低矮的山丘下正有几只大象结伴而行，

采食着大自然的馈赠。

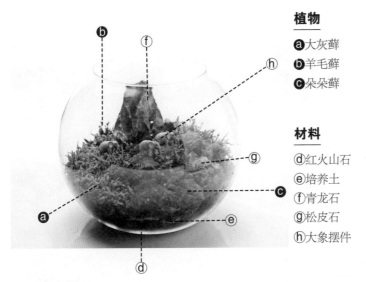

植物

ⓐ 大灰藓
ⓑ 羊毛藓
ⓒ 朵朵藓

材料

ⓓ 红火山石
ⓔ 培养土
ⓕ 青龙石
ⓖ 松皮石
ⓗ 大象摆件

容器

玻璃圆缸
【直径20cm、高
18cm】

制作方法

1. 缸底放入红火山石，作为渗水层。
2. 放入培养土，作为苔藓的基质。
3. 在正后方放一块山形青龙石。
4. 沿着器皿壁用颜色较深、株型较高的大灰藓铺满后面的区域。
5. 在右前方区域紧靠着大灰藓放一块小的松皮石。
6. 余下的区域全部铺满朵朵藓，点缀一些羊毛藓。
7. 在中后部放上几个大象摆件。

制作要点

● 朵朵藓分块时不要分得太碎，从低矮的地方分块，保持其自然的弧度会有小山丘的感觉。

湿地缩影

碧绿的青苔仿佛是一片蓝天下展开的湿地，

白色的石子像是倒映着白云的池沼，

四周绿草葱茏，树木蓊郁，

有一种天高任鸟飞的开阔和自由感。

植物

ⓐ金发藓

ⓑ朵朵藓

ⓒ白发藓

ⓓ薄雪万年草

材料

ⓔ红火山石

ⓕ培养土

ⓖ细白沙

ⓗ黑色水洗石

容器

高脚蛋糕罩

【托盘直径15cm、高18cm】

制作方法

1. 盘底放红火山石，作为渗水层。
2. 在火山石上再铺一层培养土。
3. 在培养土上铺上朵朵藓，注意苔藓块分布要自然，中间适当地留出空隙铺设白发藓。
4. 在中间预留位置铺一层细白沙，其他地方点缀金发藓和薄雪万年草。
5. 将黑色水洗石洗净，铺满托盘的外围区域，以完全掩盖培养土和火山石为宜，盖上玻璃罩。

制作要点

● 托盘外围一圈要预留空间，铺上干净的铺面，使植物尽量向内生长，以免玻璃罩压伤植物。

失落的植物王国

这是一个无人造访的原始丛林，虬曲的树枝带着古朴的意味，

藤蔓肆无忌惮地疯长；

树木张大了叶片，希望接收更多阳光；

苔藓和草类也不甘落后。

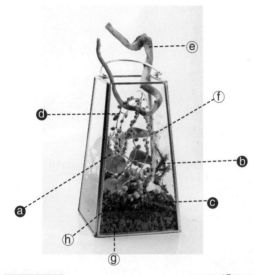

植物

ⓐ豆瓣绿
ⓑ金发藓
ⓒ羊毛藓
ⓓ佛珠

材料

ⓔ杜鹃根
ⓕ枯木
ⓖ红火山石
ⓗ培养土

容器

梯形金属框玻璃
容器
【底边长13cm、
高21cm】

制作方法

1. 在玻璃器皿底部铺一层红火山石，作为渗水层。
2. 在火山石上再铺一层培养土。
3. 种植豆瓣绿。
4. 种一丛金发藓，然后铺满羊毛藓。
5. 将准备好的枯木折成需要的长度，放在如图所示的位置。
6. 将一根"U"形的杜鹃根倒悬于玻璃器皿口。将佛珠挂在杜鹃根上，佛珠的根种入土中。

制作要点

● 种佛珠时，先估算好长度，摘除佛珠根部附近的叶片，将佛珠挂在杜鹃根上，一起放入容器中，再将佛珠的根系种在培养土中。

空山新雨

幽深的山林里，

春雨朦胧，润物无声。

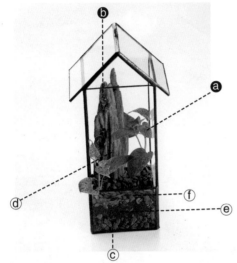

植物
ⓐ嫣红蔓
ⓑ无名藓

材料
ⓒ红火山石
ⓓ沉木
ⓔ培养土
ⓕ松鳞

容器
房屋形几何玻璃花罩
【底边13cm、高25cm】

制作方法

1. 在玻璃器皿底部铺一层红火山石，作为渗水层。
2. 在如图所示位置放一块假山形状的沉木，作为远山。
3. 在火山石上面再铺一层培养土作为种植植物的基质。
4. 在沉木旁的空余位置种植两株嫣红蔓。
5. 在沉木上的孔穴内种上无名藓，最后在培养土上再覆盖一层松鳞。

制作要点

● 种苔藓的孔穴可以人为制造，种植前先在沉木的空穴中填土，浇水时轻轻喷淋。

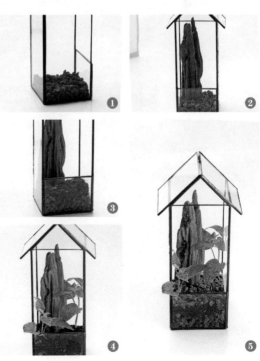

窥探侏罗纪

回到那个遥远的年代，一探恐龙灭绝的究竟。

窥探着侏罗纪的一隅，

这里裸子植物丛生，蕨类和草类覆满地面形成广阔的原野，

几只恐龙集聚在一起，空气中暗藏着危险的气息。

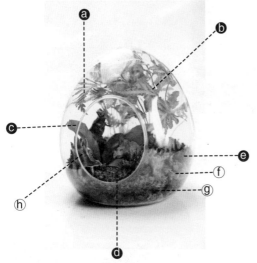

植物

ⓐ傅氏蕨
ⓑ夏雪银线蕨
ⓒ鸟巢蕨
ⓓ白发藓
ⓔ星星藓

材料

ⓕ红火山石
ⓖ培养土
ⓗ树脂恐龙摆件

容器

蛋形花器
【底径8.5cm、宽
15cm、高16cm】

制作方法

1. 在容器底部铺一层红火山石。
2. 在火山石上边铺一层培养土。
3. 种植傅氏蕨，根据傅氏蕨和容器的形状，将其种在左侧的位置。
4. 右侧再种植一株夏雪银线蕨。
5. 在容器口附近种一株鸟巢蕨。
6. 用星星藓铺满容器后方，将整齐的白发藓铺在容器口处。
7. 在其他裸露的土壤上铺满红火山石，最后将恐龙摆件摆放进去。

制作要点

● 植物的选择上要注意，应选择具有侏罗纪时代特色的植物，比如蕨类、松柏树苗等。

乡间野趣

文竹如苍松傲立，

白发藓繁茂生长，铺出一片草地，

松鳞铺设的小路，

给人一种乡间山野的感觉。

大概是刚刚下完一场雨，

苍松垂露，水汽缭绕，

临水的地方已经长出了蘑菇。

植物

ⓐ文竹
ⓑ白发藓

材料

ⓒ水洗石
ⓓ培养土
ⓔ水晶砂
ⓕ松鳞
ⓖ树脂小蘑菇摆件

容器

球形花器
【直径20cm、口径10cm】

制作方法

1. 在玻璃容器底部铺一层水洗石，再铺一层培养土。
2. 种植文竹，将文竹种在玻璃容器的左后位置，如图所示。
3. 铺上白发藓，做出高低起伏的自然形态，并留出一条曲折的小路撒上水晶砂。
4. 在水晶砂上再铺一层松鳞，做成台阶状山路。摆上蘑菇摆件。

植物

- ⓐ粉安妮网纹草
- ⓑ朵朵藓
- ⓒ大灰藓
- ⓓ薄雪万年草
- ⓔ鸟巢蕨

材料

- ⓕ红火山石
- ⓖ赤玉土

容器

冬瓜形花器
【长17.5cm、高
7.8cm、口径6.8cm】

制作方法

1. 容器底部铺一层红火山石，再铺一层赤玉土。
2. 先种网纹草，再铺朵朵藓，留出"S"形区域空隙。
3. 在"S"形区域种大灰藓、薄雪万年草。
4. 种上一株鸟巢蕨即可。

拥抱自然

鸟巢蕨张开双臂，

承接着清晨的露水与暖阳，抚摸着微风与空气，

享受着大自然的美好。

粉安妮羡慕地看着，突然有一个想法，

想看看外面的世界，

不再做温室里的花朵。

多肉天堂

秋色橘红，将多肉染艳，

这是多肉的世界，一群可爱的生命，向阳生长，充满活力。

因为喜欢这般风景，

所以尽收眼底。

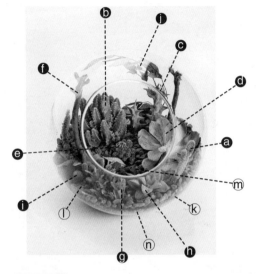

植物

ⓐ黄毛掌
ⓑ万重山
ⓒ紫龙角
ⓓ蓝鸟
ⓔ白鸟
ⓕ光棍树
ⓖ昙花小苗
ⓗ小夜衣
ⓘ白美人
ⓙ秋叶树枝

材料

ⓚ培养土
ⓛ黑色水洗石
ⓜ松鳞
ⓝ黄金麦饭石

容器

球形花器
【直径20cm、口径10cm】

制作方法

1. 在容器底部铺一层黄金麦饭石。
2. 加入培养土。
3. 种植多肉，先从四周种起，最后种中间位置。
4. 铺一层黑色水洗石。
5. 撒上一些松鳞片填补空间，插上两枝长满火红秋叶的树枝作为装饰。

制作要点

● 容器的高度有限，选择的植物的高低要适宜，不仅要保证它们有一些生长空间，还要保证它们的根部稳固不伏倒，所以不要忘记计算埋入土中的长度。

夕阳归处

傅氏蕨掩映着孤山，

落日的余晖笼罩着整个山林，

给人一种家的温暖和惬意，夕阳惹人归，

勾起了游子的归思。

植物

ⓐ傅氏蕨

ⓑ星星藓

ⓒ羊毛藓

材料

ⓓ黑火山石

ⓔ培养土

ⓕ松皮石

ⓖ树脂小白兔摆件

容器

敞口玻璃容器

【外径16.5cm】

制作方法

1. 容器底铺黑火山石，作为渗水层。
2. 加入培养土。
3. 如图所示，将一平一高两块松皮石分别一卧一直摆稳。
4. 在直立的松皮石旁边种植一株傅氏蕨。
5. 在裸露的培养土上铺满苔藓，并适当地在松皮石的孔穴中也种一些苔藓。
6. 将小白兔摆件摆放在苔藓上。

制作要点

● 松皮石选择嶙峋奇特的会比较有看点，石头上最好有洞，可以在洞中种上苔藓。

苔藓之丘

这是一个多雨的季节，

"白日不到处，青春恰自来"，

青苔茂密生长，覆满山丘，自豪地盛开。

植物

ⓐ罗汉松

ⓑ朵朵藓

材料

ⓒ黑火山石

ⓓ培养土

ⓔ鹅卵石

ⓕ树脂蘑菇摆件

容器

蛋形花器

【底径8.5cm、宽15cm、高16cm】

制作方法

1. 在容器底部铺黑火山石。
2. 黑火山石上铺一层培养土。
3. 在容器的后侧种植罗汉松小苗。
4. 用镊子轻轻夹住苔藓块，铺设在裸露的培养土上。
5. 在苔藓块之间的接缝处点缀上几块鹅卵石。
6. 将树脂蘑菇摆件摆放在合适的位置。

制作要点

● 完整的朵朵藓苔藓块有自然的凹凸，种植时尽量保证苔藓块的完整。拼接时注意苔藓之间的间距要小，弧度要自然。

山间迎客松

依山而长的文竹宛如一棵迎客松，

远远望去，

迎客松枝叶舒展，

清风徐来，潇洒自在。

植物

ⓐ罗汉松

ⓑ文竹

ⓒ金发藓

ⓓ苔藓

材料

ⓔ红火山石

ⓕ青龙石

ⓖ培养土

容器

敞口玻璃容器

【外径16.5cm】

制作方法

1. 在容器底部铺一层红火山石。
2. 挑选山峰形状的青龙石，错落排列成群山的样子，加入培养土，以保持青龙石稳定。
3. 在左侧的石头缝隙间种植一株罗汉松，右侧的石头缝隙间种植文竹，并覆盖培养土。
4. 石头缝隙间的裸露部分全部铺满苔藓，后方种上金发藓，前方种上苔藓。

制作要点

● 青龙石的质量较大，选择厚实的容器，以便挪移。